약한 게 아니라 순한

我也是第一次学着照顾自己

[韩] 尹洙勋 绘著　　山谷 译

广西科学技术出版社
·南宁·

著作权合同登记号 桂图登字：20-2025-103

약한 게 아니라 순한 거야 (Soft is not weak)

Copyright © 윤수훈(尹洙勳, Yoon soo hoon), 2024

All Rights Reserved.

Simplified Chinese Copyright © 2025 by Beijing Sande Culture Co., Ltd.

Simplified Chinese language is arranged with WHALEBOOKS

through CA–LINK International LLC

图书在版编目（CIP）数据

我也是第一次学着照顾自己/(韩)尹洙勋绘著,山谷译.--南宁：广西科学技术出版社, 2025.4. -- ISBN 978-7-5551-2322-4

Ⅰ.B84-49

中国国家版本馆CIP数据核字第2024BW8103号

WO YESHI DIYICI XUEZHE ZHAOGU ZIJI

我也是第一次学着照顾自己

〔韩〕尹洙勋 绘著 山 谷 译

策划编辑：许 许	责任编辑：朱 燕	责任校对：郑松慧	
美术编辑：鼎 道	责任印制：陆 弟	封面设计：V 霄	

出 版 人：岑 刚 　　　　　　　　出版发行：广西科学技术出版社

社　　址：广西南宁市东葛路66号 　　邮政编码：530023

网　　址：http://www.gxkjs.com 　　编辑部电话：0771-5786242

经　　销：全国各地新华书店

印　　刷：运河（唐山）印务有限公司

地　　址：唐山市芦台经济开发区农业总公司三社区 　　邮政编码：530007

开　　本：880mm×1230mm　32 开

字　　数：150 千字 　　　　　　　　印　张：9

版　　次：2025年4月第1版 　　　　　印　次：2025年4月第1次印刷

书　　号：ISBN 978-7-5551-2322-4

定　　价：45.00元

相信自己也能成为一种能力吗？

又睡过头了！当太阳在窗外的写字楼之间渐渐落下时，我自然而然地睁开眼，从睡梦中醒来。我要做的第一件事就是登上网络社交软件，随便打开一个视频，一如我前一晚睡觉前所做的那样。

为了迎接新的一年，我还看了日出，但生活还是跟往常一样，与去年年底的日子没有什么区别。新的一年并没有因此叠加多少"新年Buff（增益）"。为了处理各种收尾工作，别说年底了，就连新年伊始的气氛我都没有享受到，每天还是在脚不沾地地忙碌着。不过，幸运的是，虽然每天的生活忙得乱七八糟，但6年来的自由职业生涯已经让现在的我知道，这一切都只是暂时的。

或许，你会觉得一开始我就在说一些丧气的话……如果你在期待着我会说出一些富含哲理的华丽辞藻，以把乱七八糟的人生"拨乱反正"的话，我想提前跟你说声"抱歉"。因为所谓的"模范人生"，其实我也不太清楚是怎样的。

不知道从什么时候开始，过日子对我来说已不再是什么重要的问题。比起之前会因为新的一天比别人晚开始了一点而感到焦虑的自己，现在的我会更优先思考接下来的这一天该怎么去度过。我相信，无论在什么情况下，我都会对自己负责到底。对此，我想将这一切都总结为——"人生，归结于我自己"。

上小学的时候，我的梦想是成为一名喜剧演员，因为逗笑别人这件事会给我带来巨大的喜悦感。所以，只要和朋友们一见面，我就会挤眉弄眼，做出一些搞怪的表情。我画漫画的初衷也是这样。我在仅仅花了500韩元买到的一本本子上画下了我想象中的故事。课间的时候，同学们经常缠着我问："下一话到底什么时候出来啊？"啊，我亲自构思、亲手画出来的故事能够打动某个人的心，这让我觉得即使没能成为一名喜剧演员也没有关系。

我对画漫画的兴趣自然而然地延续到了专门学动漫设计的高中时代。在经过了一段极度自我厌恶的时间后，我意外地开始了自己的音乐剧生涯。就这样，我在其中又度过了近10年的时间。毕业很多年后，现在，我再次拿起了笔写写画画。回想过去……过去的一切好像都是"一时"的。

我虽然曾经也责怪过自己不能静下心来做一件事，称自己是"一个只会逃跑的人""一个不专业的人"……但最终，存在于当下的——是当下的我。我就是我而已，有什么胆怯的呢？

　　"你做什么都行，反正这全部都是你自己啊！"

　　如果敢于对经历过懵懂无知和挫败时光的自己说出像上面这样的话，你会不会变得更自信一些呢？

　　好事也好，坏事也罢，对我的内心都不会有太大的动摇，反正终究是"我自己"将这件事情画上句号的。从拥有这个想法开始，即使赚了再多的钱、获得了再了不起的奖项、遇到了再可怕的事情、遭遇到了再严重的背叛，我也不会因为仅仅过了一个年就突然变成了另外一个人。好的，坏的，全都是我。没那么了不起，也没那么让人担心。就只是那样——就只是我而已。

　　日子就像漫画绘制时的图层，一层又一层地堆叠成看不见的厚度。随着时间的流逝，不知道为什么我感觉到了一些不一样的东西。它们虽然看起来不一样，但终究还是从"我"身上长出枝干来。我所能相信的东西，终究只是我实际看到的、听到的、经历过的——那些属于我自己的时光。人生，还有比这样一个"一路走过来"的我自己更能够去相信的吗？

好久没有跑步了，以"忙"为借口，我休息了近一个月的时间。这段时间天气变得特别冷，我一边用冻得通红的手擦着鼻涕，一边跑着。跑一趟所花的时间从原来的4分多钟增加到了5分多钟。虽然看起来像是重新退回到了原点，但我并不介意。重要的是我又开始跑步了。就算今天我起晚了，不也是这样"跑"过了吗？在这混乱的生活中，我一次又一次地重新找回了属于自己的节奏。这样就行了！只要不忘记我才是我自己身体的主人，就没有必要陷入偶尔的悲伤和忧郁中去。相信总有一天自己会奔跑起来，就可以了！

　　我至今还记得2019年只有着平平无奇的才能和脆弱的心灵的自己，当时，我对那样的自己充满了责怪，并嗤之以鼻。我记得自己过去那些不自信的瞬间：比别人晚一步上大学、晚一步入伍、晚一步毕业……直到从大学这座象牙塔里出来后，我那段一事无成的逃避史才酣畅淋漓地展现在了人们面前。

　　"相信自己"——相信自己这件事情本身不就是我的才能吗？

　　我依然不知道下一个目的地在何方。面对倾盆大雨和狂风巨浪，我只是凝视着船锚依然挺立的地方，只是看向那海浪和风来的前方……我，仅仅是相信自己！

目录

Part 1 初次为人

I

有时候，我们需要戴上很多张面具。

Part 3 我才不懦弱，这就是我的风格

我的身体又回来了。

Part 1

初次为人

自我使用方法

在骑自行车回家的路上，
我突然冒出了一个想法……

人生，或许就是一个直到死亡
来临都在摸索如何"使用自
己"的过程……

有的时候感到幸福，有的时
候又感到痛苦……就是为了
弄明白这种连自己都搞不清楚的
情绪起因，防止下一次还会被
这种情绪所左右，我才要去制订
"使用"我自己的方法。

最近，我了解到了一个 "自我使用" 的方法，就是我是一个需要拥有控制权的人。

在我能够自己控制自己的情绪之后，我人生的质量似乎也提高了。

没有必要过分地去依赖一段关系；当你想要疏远一段关系且随时都能去疏远的时候，反而更容易维持一段健康、长久的关系。

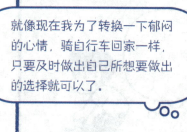

只要拥有食谱就可以了

最近一段时间，我几乎都是自己在家做饭吃。

哒！
哒！ 哒！
哒！

自己亲手做的饭菜，怎么吃怎么满意。

我最近有种脱离现实的感觉，常常陷入彷徨之中……但是，每天亲自下厨做晚餐，这给了我很大的帮助。

让生活变糟糕还真是意外地简单啊……

活出最大限度的自己就可以了

我小的时候好像经常会盼望着生命中有奇迹出现。

我曾经相信，只要去到梦想中的一个离现实世界足够远的地方，我就能获得幸福。

现在我的想法发生了些许的变化，比起之前笼统地梦想着去到另一个世界。

人在什么时候才能变成熟呢

我最近在待人接物方面……

确实变得比以前轻松、从容一些了。

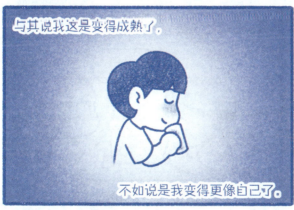

与其说我这是变得成熟了。

不如说是我变得更像自己了。

以前的我过于在意自己所讲的故事
在别人的脑海中会被进行怎样的
"二次加工"……

因为外人对此的
美化或者隐藏，

并不意味着故事原本
要表达的意思会发生
改变或者消失不见。

现在的我则会
把自己真正的感受毫无顾忌地如实表达出来。

虽然我的坦率会暴露我的弱点，但另一方面，

与其说我变得成熟了⋯⋯倒不如说我变得比以前坦率了许多。

这也可以让我能更轻松地去讲述我所要讲述的东西。

⋯⋯⋯

这难道不是变得成熟的表现吗？

有自尊并不等于有资格

每当听到别人说自己的自尊心似乎很强的时候……

请尽情提问吧!

我自尊心好像很强的样子!

请尽情提问吧!

请问, 该怎么做才能让自己拥有更强的自尊心呢?

我就会思考"自尊心"这个词。

自尊心

自尊心到底是什么呢?

不知道为什么, 我总是会觉得"自尊心"好像是一种特别的能力。

自尊心变强的话我会变好吗?

我想找回自尊。

不知道该怎样找回自尊……

怎样做才能找回?

已经快没有自尊了……

即使是这种程度的

我仅仅是希望作为自己本来的样子存在于这个世界上而已。

如果说所谓的自尊心，就是我作为"本我"存在的时候产生的一种心情，

那么，我希望我的自尊心不用再进一步加强了。

人生正在变糟糕的信号

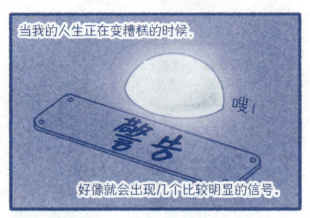

当我的人生正在变糟糕的时候，

嗖！

好像就会出现几个比较明显的信号。

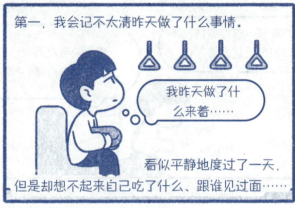

第一，我会记不太清昨天做了什么事情。

我昨天做了什么来着……

看似平静地度过了一天，但是却想不起来自己吃了什么、跟谁见过面……

第二，老是想吃一些刺激性的食物。

既然都已经点了麻辣烫了……那就再来几瓶可乐喝喝吧！

以前的我连一瓶饮料都会用心挑选很久，不知道从什么时候开始，这个习惯消失了。

第三，不再期待明天，不再考虑明天起床后要做哪些事情，

啊，太搞笑了，哈哈哈哈！

只想沉溺于瞬间的快乐中。

第四，体重增加。在糟糕的生活剧情反反复复上演的时候，体重也会随之增加。

吧唧吧唧……

即便人变胖了，我也没有什么罪恶感。

第五，周围环境会变得脏乱差。不知不觉间，周围就堆满了杂物、乱七八糟的衣服，还有那些没来得及扔掉的垃圾……

让人生变好的方法也许就是从注意这些信号开始，

而不需要去做什么特别大的事情。

看到衣服散落在地上，马上收拾起来，不也是一种方法吗？

在家门口简简单单地散个步也是个不错的选择。

做一些简单的运动也能使心情变得轻松起来。

吃着自己亲手做的饭菜，竟然也能获得满足感。即便是简简单单做的饭菜，吃着也很开心。

如果能够警惕使用手机的盲目性和追求表面愉悦的多巴胺刺激，

你就会感到你对自己的生活是有掌控权的。

变糟糕的生活，让它重新变好起来，方法其实很简单。

所以掌握了让人生变好的方式的我，是多么的幸运啊！

为什么总是让我加油啊

我比任何人都清楚，自己确实需要加油。即使这样，我还是觉得"加油"这个词让我感到特别沉重。

我也想站起来啊……

不过，最近再听到"加油"，我的感受变得有些不一样了。

加油！

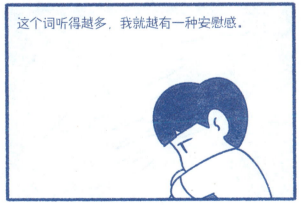

这个词听得越多，我就越有一种安慰感。

没有谁能够代替我扛起生活的重担。对我人生负责的那个人终究只能是我自己，即使这会产生负担感，我也要在这负担感中加油才行！

"加油——"
这是指只有我自己加油，才能拯救我自己。

所以，要加油才行啊！

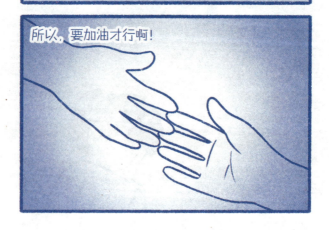

我必须要更加幸福才行

年龄增长，随之而来的其中一个好处就是能够体验很多种不同的情感。

也就是说，即使对象是别人，你也很容易跟这个人产生共情。

所以我呀，
必须要变得更加幸福才行呢！

因为我只有了解自己所经历过的幸福是什么。

才能够真心希望并帮助我身边的人获得幸福。

用我所经历过的悲伤安慰他们, 用我所经历过的幸福去祝贺他们……仅凭这两件事情, 人生就会变得相当精彩吧?

爱被看见的瞬间

和外甥们一起去看了一部叫《糖果》的音乐剧。

剧情讲的是，主人公东东吃了可以听到人们内心声音的魔法糖果，由此展开了一系列的故事。

东东因为爸爸总是唠唠叨叨而生气，这次他偶然听到了下班后正在做家务的爸爸内心的声音……

全部都是"爱"。

在饭桌上，姐姐哭得很厉害。

我为什么会哭成这样呢?

东东好像知道了爸爸心中呼喊着的"爱"是什么东西。

在这个过程中，他们冷漠到让你冰封，又炽热到将你融化……

这两种形态通常就是动词"爱"的释义。

爱爱爱爱爱爱爱爱爱
爱爱爱爱爱爱爱爱爱
爱爱爱爱爱爱
爱爱爱爱爱爱
爱爱爱爱

爱本身就能够让人心潮澎湃，又因为大喊大叫而让人感到悲伤。爱，真的是一种极为矛盾、极为讽刺的情感啊。爱爱 爱爱爱爱爱爱
爱爱爱爱爱爱 爱爱爱爱爱爱
爱爱爱爱爱爱 爱爱爱爱
爱爱爱爱 爱爱爱爱爱爱爱
爱爱爱爱

人生痛苦的理由

妈妈说，

人生本身就是痛苦的。

是在哪学到的这句话？

嗯……

不是，为什么偏偏要在这个时候说啊？

妈妈，和我一起旅游让你这么痛苦吗？

我记得当时我很认真地进行了反驳……

谁说人生只有痛苦啊！和儿子一起出来旅游不就很幸福吗？！

嗯，当然了！

随着时间的推移，我好像有些明白了妈妈当时所想要表达的意思了。

我到底要这样软弱、悲伤到什么时候啊？

这些全都是……正因为活着，所以才会感觉到吧……

啊，"人生本身就是痛苦的"那句话原来是这个意思啊……

幸福和悲伤都是因为活着才会感受得到，所以痛苦也是活着的人必须要经历的一部分。

但即使这样，如果有人这么问我："你想要变成石头吗？"

不！

生而为人，因为知道什么是痛苦，所以才会去追求爱……

与其什么都感受不到，

不如适当地经历一些悲伤，内心再充满爱地活着。

搭上不安列车的夜晚

假如有人看我的日记

有些人即使是在自己的日记里也没有办法坦诚地写下自己的想法，

比如说，曾经的我……

曾经我讨厌自己，即使是在写日记的时候我也会很在意别人的看法，

哪怕我的日记里写的全是关于我自己的生活。

我曾经胡乱地写下一些让人看不懂的文字，

那之后，我有了一种巨大的解放感。

合上日记本之后，我想：

"看日记的人也是日记的一部分啊……"

37

即使有人在看完我的日记后，

对我深感不满意，

那也不再是我该操心的事情了。

因为人是要为好奇心负起责任的，所以如果别人看完我的日记后决定远离我……

那也不再是我该操心的事情了。

和抑郁抗争的方法

我的情绪很不好。

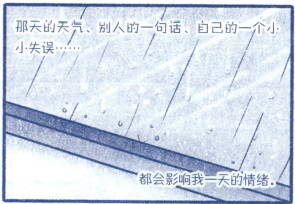

那天的天气、别人的一句话、自己的一个小小失误……

都会影响我一天的情绪。

情绪开始朝着不好的方向发展，在这种心境中，负面的想法层出不穷。

我根本没有办法让自己停止胡思乱想。

充斥着负面想法的海洋里，只有我一个人，忧郁地沉浸其中……

不知道从什么时候开始，"情绪"这种东西会把我的一天都变得极其糟糕，这让我觉得特别委屈。

我为什么会如此不安呢？

我能够成为一个幸福的人吗？

那个人好像真的被我的话伤到了呢……

虽然通过已掌握的经验，我知道只有让身体动起来才是让自己停止胡思乱想的最简单方法……

但是我连一点想动的想法都没有……

只要能够让自己停止胡思乱想，是不是就能够战胜这种情绪呢？

一想到自己必须战胜这种情绪，即使只有一点点意志力，也能让自己稍微地喘口气。

你算什么？！凭什么这样吞噬我？你打算把我拖到哪里去才甘心？

如果是为了赢，可以一下子改变自己的想法，

不就是情绪这种东西吗……

哪怕是在勉强，也要不断地给自己说些增添自信的话，

名为“我自己”的客人

当四周的空气变得又热又潮湿时，我们就会意识到，夏天来了。

啊，好热……

根据去年的前车之鉴，这个时候想要在家里晾晒衣物是很难的，

所以我早就准备好了除湿器。

借着把除湿器拿出来用的劲头，我也开始做起了家务。

啊，这些灰啊……

之前，虽然已经感到生活上的不方便了，但还是找了各种借口来逃避做这些家务。

或许是因为我把那些只有我自己知道的……

角角落落
都给打扫了个干干净净，

这会让我在将来再用这些东西的时候，有种好像是精心准备过的感觉……

哗啦！

虽然这些事情很小，但却让我有种被自己珍视的感觉。这样的事情越做越多，

好松软哦……

人生就会越来越充满满足感。

44

不想只剩下个外壳

我决定不再过于在乎别人对自己的评价。

虽然我曾经也执着过别人对自己的评分结果，

但那样的我就只剩下一个聊以自慰的"外壳"了。

虽然现在在某些方面，我依然会以别人给予自己的"评分"来保持一颗平常心，

但我还是想成为那种不去依靠别人的"评分"标准，只按照自己的"评分"标准也能成为"最好的自己"的人。

这样才能均衡发展，不是吗？

外卖商家

哪怕，现在已经是活在别人"评分"中的世道了……

伤心的时候穿跑鞋的理由

这个名为"伤心"的小家伙，
其实特别微不足道。

虽然它是个微不足道的家伙，但是只要你稍微放松警惕，它就会以惊人的速度"成长"起来……

最终这种"成长"会达到让人无计可施的地步。

压制这个家伙最好的方法，就是在发现这家伙状态最差的瞬间，

嗖——

悄悄地踩上它一脚，然后跑开，仅此而已！

啪嗒

在奔跑的过程中可以想想：为了与无法解决的情感较劲而费尽心思，是不是毫无意义？的确是，应该感到可惜！

情感这种东西，是心之所向……
我们与其因为毫无答案的无力感而消耗自己的
能量，

不如去骗一骗我们自己的心，不是吗？

在痛苦中挣扎着奔跑，这有什么关系呢？
悲伤早已随着汗水冲刷而去。

呼……

呼……

这是一个把复杂的借口和苦恼抛诸脑后的单纯动
作。跑步也是将杂乱无序的生活不断矫正的好办
法啊。

星际灰尘什么都可以做

这是一个不管什么苦恼都能解决掉的咒语……

我是星际灰尘!

如果说人类都是星际灰尘的话,

那些很有名气的人也全都是星际灰尘.

不受伤害的界线

得知朋友通过了一个大项目的试镜。

我第一轮试镜过了。

啊，是嘛？

什么？！你的一轮试镜过了？

这也太棒了！

嗯！

与我的惊喜和兴奋不同的是，
朋友显得很平静，她的态度让我觉得有些惊诧。

你怎么这么平静啊？

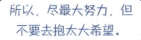
所以，尽最大努力，但不要去抱太大希望。

即使预想到了最坏的结果，但还是会个断地去挑战……看着朋友这个样子，

我也从她身上学到了一个道理：不论何时，身处何地，面对何事，都要拥有去闯一闯的勇气。

当我也把自己的界线当作自己的保护伞时，我就有了去尝试任何事情的勇气！

睡觉前心情变好的方法

如果生活变得无聊，

那么就让我们以一个月、一周、一天为单位，培养一些期待感出来吧。

这个月底，我想要和很久不见面的朋友们聚聚会，一起喝一杯。

这周三，我去看了那场我期待已久的电影。

偶尔去尝试做一些从来没有做过的小事情，也很好。

要不……今天从这条路绕着走走看吧?

今天马上去做……得发个帖子来鼓励一下自己呀。

这会让自己在入睡前心情变得很好。

只要充满期待，平凡的每一天就会成为滋养我们生命的养分。

剩下的就是满满的幸福感啦！

洗涤悲伤

悲伤是湿哒哒的，

如果，不好好将其晾晒的话，

就会发生一些我们不愿意发生的事情。

我们越是沉浸在这湿漉漉的悲伤中，就越要把这悲伤晾晒好、熨平好、叠好。

为了把叠好的悲伤更好地展开，

为了这一天的到来……

唰唰！

幸福发出的声音

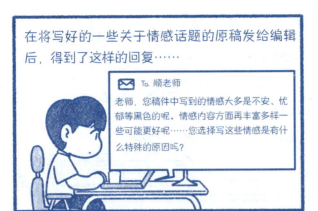

在将写好的一些关于情感话题的原稿发给编辑后，得到了这样的回复……

✉ To. 顺老师

老师，您稿件中写到的情感大多是不安、忧郁等黑色的呢。情感内容方面再丰富多样一些可能更好呢……您选择写这些情感是有什么特殊的原因吗？

我当时是这样回答的：

✉ To. 编辑老师

我的很多读者在忧郁和不安方面都有着很多苦恼，所以我想写一些对他们有帮助的故事。

但是，过后我越想越觉得不太对劲……

这样看来，关于开心或者幸福之类的情感话题确实很欠缺啊……那该怎么办呢？

黑暗之中，我冒出许多想法，希望得到解决方法的指尖不停在敲打着……

嗒哒……

嗒哒……

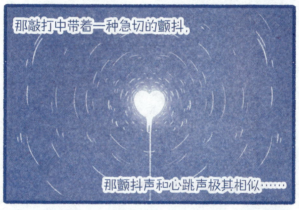

那敲打中带着一种急切的颤抖，

那颤抖声和心跳声极其相似……

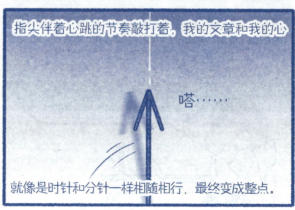

指尖伴着心跳的节奏敲打着，我的文章和我的心

嗒……

就像是时针和分针一样相随相行，最终变成整点。

在幸福的瞬间，我们忙得不可开交，

不用特意敲打下什么，自然而然就会有灵感。

不，不是手在敲打，是心在跳动……

当打字停止的时候，如果有微微的颤抖声，那一定是我在幸福中回响的振动。

我的幸福不是手在敲打，是心在跳动……

今天也要尽情享受啊

天气刚变得暖和了些，我就骑上自行车去汉江边转了转，顺便也散散步。

在回家的路上，我小声地说：

今天的天气真是让人觉得好享受啊！

是啊，就是应该好好享受生活啊……

我经常会忘记使用自己所拥有的东西……

但是，如果不去使用那些自己拥有的东西，那拥有它们又有什么意义呢？

让我们在晴朗的天气里去享受明媚的阳光吧！

去享受当下的生活和健康，
去享受和喜欢的人在一起度过的时间，

去享受学习和成长带来的喜悦……

让我们一边享受，一边生活下去吧！

我不是已经拥有这些东西了吗？

因为想要好好生活，所以才会感到焦虑

为了适应当下的生活节奏，我开始变得勤快起来。

就算是喝一杯水，也需要自己努力动手呢……

要买一些必需品，拆快递，把冰箱塞满，把垃圾扔掉……

在把所有东西都整理好的第二天早上，我洗完澡出来，有些别扭地看着眼前这个东西摆放得井井有条的家，不由自主地念叨着：

现在才像个人住的地方嘛……

"人住的地方"……

必须承认，
我的动力是来源于自己对于生存的焦虑。

我曾认为，我应该避免产生焦虑情绪，

所以我一直将其隐藏起来，有时这让我觉得不快。

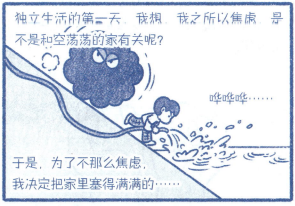

独立生活的第一天，我想，我之所以焦虑，是不是和空荡荡的家有关呢？

哗哗哗……

于是，为了不那么焦虑，我决定把家里塞得满满的……

看来，说不定焦虑是改善我们生活品质的动力和信号呢！

我想拥有的能力

我好像一直以来都梦想着成为最闪耀的人。

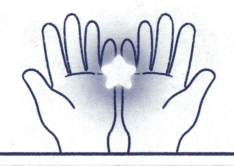

随着年龄的增长，这个梦想似乎变得无关紧要了。

我现在只希望拥有这样的能力——一种能够更清晰地分辨出对自己而言最重要的东西的能力。

即使自己没有那么闪耀，也没有关系，

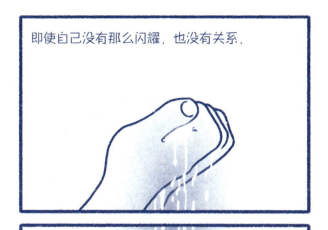

就算自己没有成就什么伟大的事业、

没有成为家喻户晓的人、

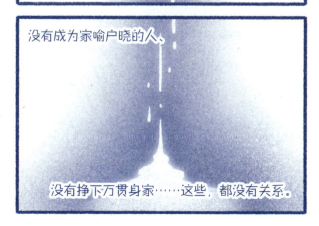

没有挣下万贯身家……这些，都没有关系。

只要能够分辨出自己身上所被赋予的珍贵的东西，并能够守护好它……

只要能够拥有这样的人生……就可以了！

只要能够拥有这样的人生，就足够了！

致那些"没有脸"的人们

上高中的时候，我有个外号叫"无脸前辈"。在我18岁——即将迎来我首届师弟师妹们的时候，我从头到脚裹得严严实实地穿梭于校园，因此才有了这个绰号。这种状态持续了将近一年，那段时间我一直否认自己身边所存在的一切。

每当回想起那段最黑暗的岁月，我依然不想把那个时候单纯地归结为迟来的青春期。我也想收回充满怜悯的目光。在10多年后的今天，我之所以还谈论这件事情，是为了那些和我有着同样经历的——"没有脸的人"。

一开始我是为了掩饰自己的性格。我是一个特别怕生、做事畏手畏脚的人，我会有些嫉妒与自己性格截然不同的同学。一个年级差不多有100名学生，要共同生活在狭窄的宿舍里，这种封闭式的寄宿生活容易滋生嫉妒情绪。这是没有办法的事情，因为并不是勉强自己说一些怎么也学不来的话、做一些怎么也学不来的事，就能渴求到人们的爱的。

看着某个人被人群、鲜花包围，而我却永远无能为力的样子，在这种境地中，我宁愿选择愤怒和嫉妒。后来，我认识到那个人是无辜的，自己这些丑陋的情感让我惭愧得抬不起头来。无法说服自己的我急于隐藏真实想法。用身边的东西隐藏我自己，是从那个时候开始的吗？尽管如此，没有隐藏起来的是那颗被羞耻啃噬的心。从那里流出来令人作呕的脓水，以及像积食般累积的嫉妒情绪散发出阵阵的恶臭。

这种羞耻感的下一个目标就是，这个人的才华，他的工作、思想、言行都在闪闪发光，他光芒四射的样子深深地刺痛了我。那个时候，我看了电影《莫扎特传》。这是一部讲述嫉妒莫扎特天赋的萨利埃利生平的电影。萨利埃利反复地艳羡莫扎特那令凡人终其一生也无法企及的天赋，而他最终也成为将莫扎特置于死地的罪魁祸首。直到萨利埃利变得年迈，用皱皱巴巴的手抚摸着自己的脸时，他才在神的面前忏悔自己的罪行。

在长达2小时40分钟的电影背后，我发现了一件赤裸裸的事情，那就是我并不同情萨利埃利，而是对他感到恶心。那些像我这样经常自怜自伤的人，可能会觉得萨利埃利很可怜，但是我是一个连自己都抛弃了的矛盾体。

黑暗像火一样蔓延开来，对腐烂的内心的隐藏已经到了极限。为了不被人发现，我所能做的只有隐藏。每天将帽子压得再低也不够，我还会戴上外套的兜帽，低着头出行。我曾经有段时间一言不发，因为我讨厌自己的性格、才能、外貌、行为，讨厌自己的一切——不是单纯地讨厌哦，而是讨厌得让自己都觉得腻烦了！这些令我厌烦的东西，竟然要伴随我的一生，这真让我不寒而栗。

这就是一年里从未见过我的脸的后辈们称呼我为"无脸前辈"的原因。但现在，曾经那个"无脸前辈"已经成为一个可以通过画面、版面、社交媒体随意露面的人了。在我的网络社交软件上，除了文字、画，还有我自拍的照片。有时候，这甚至让第一次看的人都有些难为情。

无论如何，我都想跟大家分享一下在我19岁左右开始的"表演故事"。为了表演，我就只能在大家面前展现出我所感受到的"真实性"。舞台上的我充斥着不安、忧郁、愤怒和嫉妒等情绪，我要在舞台上展现出自己最不想展现的样子，但下一秒，我却意外地在情感上获得了一种解放感，虽然自卑也在舞台上被诚实地展现了出来。在这无处可躲的地方——舞台，我得到的提示是：人越是苦恼，越是要伸出手，将苦恼从心里一个一个地拿出来，看看到底是什么令自己如此苦恼。

即便我们再想隐藏，再想掩盖，终归要解决眼前的恐惧。虽然也有急切想要释放一切的瞬间，但一想到打开自己掩盖的东西之后所面临的恐惧，我就有点想要退却……或许我们应该感谢眼前这恐惧呢，就像我们一打开冰箱，发现里面有一个连什么时候放进去都不记得的美味食物，我们不就眉开眼笑了吗？

发泄内心的情绪并不能解决一切，但可以肯定的是，这是走向"承认自己"最重要的第一步。当我们处于负面情绪的中心时，只会想着马上摆脱这种情况，所以很难去承认自己的不足。事实上，当我连恐惧这种情绪都敢于承认是自己的，并能够去衡量自己的不足的时候，才真切地感觉到自己变成了真正的"我"。

尝试过录下自己声音的人，应该知道那种第一次听到自己声音的感觉——那种陌生的感觉令人毛骨悚然。有时候也会因在别人拍的照片中看到自己并不好看的脸而被吓一跳——啊，那才是真正的自己！"所以忍住失望，好好疼爱自己吧……"我并不是要说这样的话，而是想说："这个也是自己啊！"自拍中，以好看的角度拍出的脸庞，和别人照片中自己不好看的脸庞，那都是自己的样子啊！对一些人来说，我就是自拍中的样子，但对另一些人来说，我就是他人照片中的样子啊！

比起别人的看法，我更为看重的是我以什么样的心态来面对自己。最近，我还想让有些丑丑的自己多多出镜呢！能怎么办呢？那也是我啊，也是要和我相伴一生的自己啊！

我们也要放弃存在所谓"真正的自己"这一幻想。当听到"寻找真正的自己"或者"通过某种特殊的渠道遇到了真正的自己"这一类故事时，人们通常就会认为现实中的自己是假的。没错，现实中的自己和拥有本质样子的真正自己其实是分开存在的——但我不认可这点，虽然有些抱歉，可这全部都是我们自己。在我过往的岁月里，我拥有过的各种各样的样子，那全都是我自己。（那些借助某些App过度"美颜"过的照片不是吧？不，在某种意义上，这也是我自己，因为这正是我自己欲望的投射啊！）

最近，我和朋友开始做旅游在线视频。在拍摄和剪辑影片的过程中，我们特别期待能够拥有百万订阅量，然后一夜暴富……但现实其实并不是这样简单的，而是要我们在大众面前像剥洋葱一样，一层一层地剥开自己。

我一开始先是在网络社交软件上连载漫画，在接下来的几年创作过程中一直都没有在公众面前露过面。后来，我才慢慢开始出现在人们面前，并开始参加线下的聚会。现在，我的脸、声音、行为、想法都会通过视频的方式展示给大众。有一段时间，我想了一下自己这样做到底想要得到什么，最后我发现，在经过了忙于包装自己的那段时期，我只想把这层人为装饰过的外壳一点一点地剥掉。

对于擅于包装自己的人来说，变得不再像以前那么有魅力是一件有意思的事情。现在，我从那些连自己软弱的样子都毫不犹豫地展现出来的人的身上感受到了更大的魅力。看着这样的人，我感觉自己好像也在变强。坦率似乎就是一种拥有巨大影响力的能力呢，所以我会更想鼓起勇气展现一个真实的自己。自己没有那么完美又怎样？这就是我啊！反正无论怎样，这些都是我，我偶尔没那么完美，日子也可以不那么完美地过下去。当然，时不时也可以包装自己一下。反正，在我30多年的人生里，大家都是这样生活的。所以从这个意义上说，我也不认为自己那段被包装过的过去是虚假的。

我这个"无脸前辈"，是从一名演员后备军、作家，变成旅行在线视频频道的博主的。虽然这样去形容自己会很不好意思，但是我感觉自己这段人生就像是从茧壳里爬出来的蛹变成了一只蝴蝶，为了去寻找新的幸福而踏上旅程一样。刚好那个时候，我每天穿的都是卡其色的过膝长款衣服，包裹着全身的样子确实看起来就像蛹一样。虽然现在有的时候我仍会因为突然的变化而感到不安，仍会觉得想要成为轻盈展翅的蝴蝶很难很难，但现在的我已经不再隐藏自己了。

　　还有，你知道吗，我们越是隐藏，那个臃肿的自我就越是显眼。在某些人的眼中，我这个包裹得严严实实的"无脸前辈"也许正是一个很特别的存在呢。这样想的话，比起我拼尽全力让自己成为一个透明的存在，我大声叹气的样子会不会更好一些呢？这样做，说不准旁边还会有人等着安慰我呢！

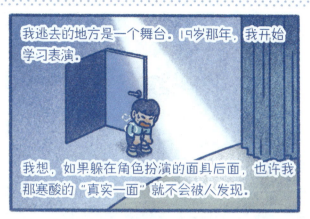

我逃去的地方是一个舞台。19岁那年，我开始学习表演。

我想，如果躲在角色扮演的面具后面，也许我那寒酸的"真实一面"就不会被人发现。

但是为了表演，我只能先用自己"真实的一面"。

这是因为想要更好地演绎剧中的人物，我必须把自己曾拥有过的与之最相似的感情表达出来。

情绪就像是流动的水，不是我们想让它停它就可以停下来的。

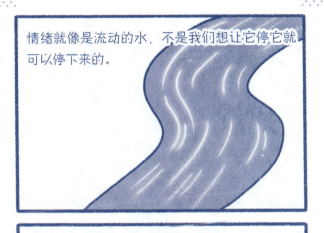

正是因为我们没有办法控制情绪的流动，所以要仔细去观察其中都有些什么。

当时，我的心中充斥着那些似乎无法排解的愤怒、悲伤、抑郁等情绪。

那些明晃晃存在着的情绪，是我再怎么隐藏也隐藏不住的。

把情绪发泄出来——这件事情让我感到很安心。

啪！

因为在一个巴掌大的黑屋子里，

我至少能够大概推测出我站在哪个地方。

但是，并不是每一个人都能轻松地拥有一个学习表演的环境的。

在20多岁的时候，我来到了一个没有办法让自己继续学习表演的环境——

喂，那个兵！

啊……到！

我入伍了。

给我打起精神来！

3

艰苦的训练、被剥夺自由的日程安排、难以交心的战友……这些其实都还好，

最让我觉得不能忍受的是……

我这个人变得越来越"模糊"了……

好不容易服完兵役，后来，我才逐渐了解了我自己的"自我使用"方法。

服兵役的时候，腾出了解自我的时间并为之付出努力似乎成了一种奢侈。

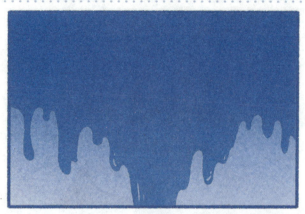

不想就此"腐烂"的我，开始了自己的写作生涯。

咔嗒！咔嗒！

咔嗒！

咔嗒！

咔嗒！

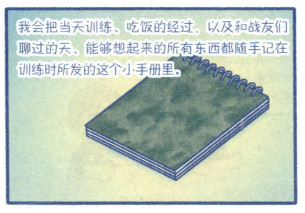

4

我会把当天训练、吃饭的经过，以及和战友们聊过的天、能够想起来的所有东西都随手记在训练时所发的这个小·手册里。

当时我的记录其实更像是一种发泄，如果不把压抑在我心里的情绪和想法倾注到某个地方，我想总有一天我会受不了的。

在分配到原部队之后，我仍然继续保持着写作的热情。

家庭故事

朋友们

人生第一次旅行

身体的秘密

我的梦想

在这个过程中，我就好像在和自己聊天一样。

这段时间，我是不是说的都是一些特别消极的话啊？那我来给你讲个有趣的故事吧……

这些都是非常有意思的对话。

我甚至想要推迟即将到来的早晨，去抓住夜晚的尾巴。

写完那些让自己难以启齿的心里话之后，我的心情变得轻松了很多。

让情绪变成文字，就像是看到一张老照片一样，心情得到了安慰，不会再陷入到自怜自伤当中。

现在也是如此，每当面对令自己感到陌生的状况和情绪时，

我都会拿出任何可以做笔记的东西记下一些文字。

刚开始只是一些不知所云的文字，

不知道是从哪个瞬间开始，我自然而然地有了一些思路，

而这些思路经过的地方慢慢构成了一张"地图"……

我觉得有必要刻下自己在同一个地方一次又一次徘徊的经历……

以及停滞不前的凄惨脚印。

那些凌乱的脚印用文字熨平后，最终才会真正成为"地图"。

管理情绪的最后一步，就是厘清情绪思路，并将其写下来。

即使是在心情极其容易被影响的今天，我也还是在坚持写作。

虽然这个世界上没有我能随心所欲能做的事情，

但是我把我的心寄托在一支笔上，并能够握住这支笔，这让我感到了极大的安慰。

咔嚓！ 咔嚓！
咔嚓！ 咔嚓！
咔嚓！

Part 2

不想要被误解
想要被理解

为什么要建立人际关系呢

我就是有些"不怎么样"又如何

在跟我打过交道的人当中，有些人会记得我是一个还蛮不错的人，有些人会记得我是一个不怎么样的人。

被人记住自己是一个还蛮不错的人肯定是一件开心的事情。

但……
其实我自己最清楚这并不是全部的我……

有时候被人记住自己是个不怎么样的人也挺不错，

因为反正这也不是全部的我自己。

这让我感觉自己好像藏着一个相当不错的秘密一样。

离开也需要勇气

最近我对好朋友感到有些失望。

我想要表达自己的失望，但又担心这样做会让人觉得自己很小气。我讨厌这样子的自己。我想把这种情绪隐藏起来，但这种情绪又一直折磨着我。

我决定问自己两个问题……

第一个问题，你为什么想要表露出自己失望的情绪呢？

因为我希望对方能够了解我的心情！

为什么你希望对方能够了解你的心情呢?

因为对方是我喜欢的人……总不能让我用一种很别扭的心态去维持这段关系吧?

第二个问题，你想要将这种失望的情绪隐藏起来的理由是什么呢?

因为不隐藏起来的话，不是会显得我很小气吗……

为什么你不能很小气呢?

嗯……这个……我不想让别人觉得我是个问题，这会让我觉得很不舒服啊……

但不管怎样，你最后不还是一样觉得不舒服吗？

额…嗯……
是吗？

那答案呼之欲出了！如果你希望自己过得比现在更舒服一些，你就必须鼓起勇气才行！

勇气？

如果这是一段你即使觉得不舒服也想继续维持下去的关系，那你就鼓起勇气向对方坦诚地说出你的感受；如果不想继续维持，那你就鼓起勇气远离这段关系！

……

让爱生长的条件

有些东西就算你一直注视，它也不会生长得很快。

但也不能就这样放着不管⋯⋯

你既不能浇太多的水，也不能将它一直放在强烈的阳光下暴晒。

在适当的时间给它浇点水、吹吹风、晒晒太阳，剩下的就让彼此专心度过彼此的时间就好。

是的，让彼此在其中成长。

爱情就是这样。

你的阳光

因为我从小就经常在外面生活，所以我以为妈妈对我搬出去一个人住这件事情不会有太大的反应。

哎呀……找的是哪里的房子啊？

价格合适吗？

我都这么大了……好像就是不知道怎么应付妈妈的这种反应，所以我才没能早点说出来。

好像……是我的错觉。

第二天，妈妈给了我一个信封。

这是什么啊？

这是我和爸爸、奶奶一起给你准备的。你搬家的时候用吧。

装着厚厚的一摞纸币的信封外面有
妈妈写下的话……

我盯着看了好久……

2022年给我的阳光

要是能去的话，我是想去的

那你去找它不就行了？

意思是如果睡意不来，你让我亲自去找它？

但是……正是因为没法简简单单就能去我，所以才用"来"这个字表达的，不是吗？

也是……"去觉""去雪"确实没有这种表达……这些好像都是从单一方向考虑组成的词语。

如果我死掉了的话，人们会如何回忆我

所以啊……我要更加珍惜我们相处的日子才行啊。

对生活产生欲望的瞬间，是不是就是从希望自己成为某个人的记忆开始的呢？

记忆的终点或许就是死亡吧。

想到这种瞬间的时候……

我就想要更好地活着。

我想让自己在人们的记忆中是一个分享过很多爱后离开的……一个很好的人。

对"交朋友"感到自卑这回事

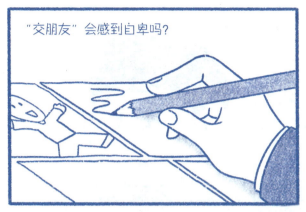

中学的时候，我的自卑就是"交朋友"。

那时候，交朋友就像是一件特别时髦的事情。你和谁是好朋友，决定了你在学校的等级。

你也会根据自己是否拥有朋友而感到羞愧与否。

现在我才可以说出来，其实，我曾经在学校里是一个处在"最底层"并急于隐藏自己的羞耻感的人。

童年很无聊，没有一个朋友。

一个过于胆小·而不敢表明心意，

所以我更要感谢我的朋友们。

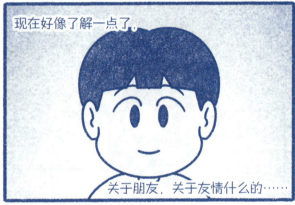

现在好像了解一点了，

关于朋友，关于友情什么的……

只要与他们在一起就可以……
可以无忧无虑地说笑。

我情我事，你情你事

不知道从什么时候开始，人际关系给我带来的压力减轻了不少。

这种变化是从践行"我的心情是我的事情，你的心情是你的事情"，又名"我情我事，你情你事"开始的。

比如，以前我会对某个人的个人行为……

啊，我得走了。

这么早?

把对方的情绪完全当作是他自己的事情，

正确的做法是不要随便介入其中。

可能是为什么事情吧。你的心情是你的事情。

这样做的同时也能优先考虑到自己的内心。

我的心情是我的事情。

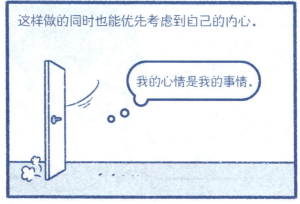

被拒绝的练习

我前段时间去接受了情感指导。这是一个了解我的情绪、审视我前进道路的过程。

我在情感方面的优点还挺突出的，尤其是在人际关系方面还是有一定特长的。

情感上第一位到第五位几乎都和人际关系相关。

哦……虽然我在人际关系方面有特长这个事情给我了很大的安慰……

但其实我目前在人际关系方面，99%都处在一个被动的情况。因为害怕被拒绝，所以比起主动接近，我更习惯被动接受关系。

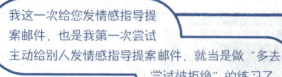

我这一次给您发情感指导提案邮件，也是我第一次尝试主动给别人发情感指导提案邮件，就当是做"多去尝试被拒绝"的练习了。

在指导结束之后，指导师甚至连酬金都坚决拒绝了。

今天真是太感谢了！费用方面您看多少比较合适呢？

哎哟，这次的机会和过程对我来说也是一次锻炼自己勇气的机会和过程。我已经很满足了！

不管怎样，我好像从中获得了勇气。

一想到被拒绝也是一种练习……不知为何，我就有了勇气。

仅仅是一次称赞的力量

戴尔·卡内基说：

九次的指责比不上一次赞美……

画得好好啊！

对人的帮助大。

噜噜……

你是你，我是我

现在，对于无论再怎么努力缩小，

也都无法缩小的想法差距，

我更想把自己所产生的真实想法和情感放进这个差距里。

我的地面

有时候我会想起某个人的葬礼。

这个人通常是我认识的人，或者是对我而言很重要的人。

因为我怕别人说我晦气，所以不敢随便说出来这事……如果把葬礼那种悲伤的情形具体地描绘出来，那么我们当下的生活就会显得更加珍贵。

光是想象一下那个场景就会让我陷入巨大的悲痛之中，这对我来说有着无法估量的沉重感。

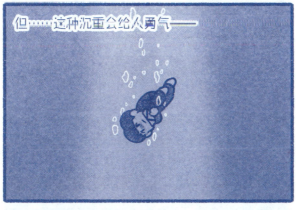

但……这种沉重公给人勇气——

一种让我能够潜入到内心更深的地方的勇气。

最终，我会到达悲伤的尽头，脚踩平坦的地面。

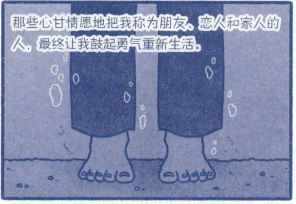

那些心甘情愿地把我称为朋友、恋人和家人的人，最终让我鼓起勇气重新生活。

于我而言，他们就是这个世界上最广阔、最平坦的地面。

有些离别是不干脆的

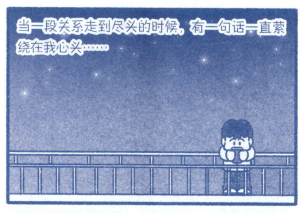

当一段关系走到尽头的时候，有一句话一直萦绕在我心头……

"我们之间即使不是什么了不起的缘分，也有可能是一段有些遗憾的缘分嘛。"

虽然我不是一个浪漫的人，不相信来世或者命运这种东西，但也许正因为如此，我才变得更加坚韧。

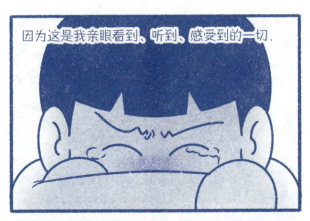

因为这是我亲眼看到、听到、感受到的一切。

断掉的关系仍然不自觉地藕断丝连着，

就像用指甲尖去刮廉价贴纸一样，怎么也刮不掉。

致未来的我

时隔三年整理了一下工作室。

在整理行李的时候，发现了留存有很多这段时间的回忆和想法的各种物件。

不知为何，有种陌生的感觉。

好像是别人的东西呢……

以为没有被时间改变的自己好像也变成了一个陌生的存在。

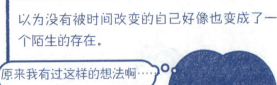

原来我有过这样的想法啊……

还收到过那个人的来信呢！

以前我的画是这样的风格呢……

今天仿佛一成不变，但过了今天再看自己，则是一张陌生的面孔。

未来的我会把今天的我当成什么样的人呢？

希望是把我当成能够说出一些帅气的话的人。

后悔多说话的日子

好像年纪越大，话就会变得越多。

有"说话的总数"之类的东西吗？

因为在死掉之前必须用完"说话的总数"，所以年复一年，自己在不知不觉间话就会变多。

恋爱的理由

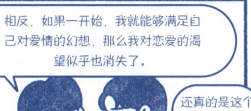

你现在注意力集中吗

当你沉浸在运动……

或者绘画当中时……

你会在某个瞬间专注于当下那个行为……

让人非常奇妙地有种很舒服的感觉……

也许活着，

也不是为了实现什么了不起的目标，

而是只专注于活着本身就足够了吧。

呼气和吸气就已经足够了。

不要生病，妈妈

妈妈说早上起床的时候腰和
肚子疼得直不起身子来。

最后给住在附近的姐姐打了电话求助。

姐姐帮忙叫了救护车，妈妈被送进急诊室，接受了各
种身体检查。

您是病人家属吧？我们边看
CT边聊一下病人的病情吧。

啊，好
的……

检查结果出来，幸运的是，妈妈的身体状况没有想象中那么严重。

妈妈，太好了！可能生病就是想让你好好休息一下。

这样的话……就不用太担心了。

像是今天妈妈去医院的事，提醒我好像真的到了要渐渐习惯自己爱的人会小病不断的年纪了。

您能走吗？

嗯，没事……

真是悲伤的一天。

今后不要生病了，妈妈……

33岁，还是个孩子

有一天，爸爸问我——

你没有想过要重新回家住吗？

我以为爸爸只是随便问问而已，但那天下午和第二天早上爸爸都问了我同样的问题。

你没有想过回家住吗？

……

于是我也反问他道……

怎么了？您是希望我重新回家住吗？

不是，那什么……主要是你要是回家住的话，房租能省下来……那笔钱攒着以后也可以用在你的事业上……

我当时刚刚独立生活仅1年，所以有些无法理解爸爸的回答。

其实……

这么突然？怎么感觉好像是有其他的原因呢……

你妈妈上周看到你之后很担心你，说你一个人在外面生活都瘦了，眼睛都凹下去了……

我会"努力"为你加油的

我很喜欢努力生活的人。

因为在"努力"中包含着热爱，

包含着对奖项的关心、想做好事情的欲望……包含着即使只是赢得小小的收获也很珍惜的心。

努力生活的人好像做什么都很努力。

无论是工作、人际关系，还是兴趣，甚至是路边不起眼的风景，努力的人都会将其认真地放进眼里和心里。

我的父母是这样，

我的好朋友们是这样，

我也是这样。

为努力生活的人们加油！

如果爱，那就勇敢去表达

我想跟大家分享一下我今年经历过的三次不愉快的经历，以及关于这三次不愉快的经历的解决办法。

第一件事情发生在聊天群里。事情的起因是群里的某个人说了自己的伤心事。他因为陌生人不了解情况就编排他的事情而感到很生气，所以在群里吐槽了一下。在这个过程中，这个人也说到了一些关于我的事情，他说的内容让我觉得很不舒服，有种"城门失火，殃及池鱼"的感觉。他可能没有留意到我回复中带着的不满情绪。当他再次谈论起我的时候，我忍不住马上回复道："我特别理解你现在这种生气的心情，但是一开始这件事情就跟我没有关系，你把我扯进来，我不是特别开心。即便是开玩笑也不能这样子。"

发送完这段话之后，我马上收到了对方打来的道歉电话。对方说："很抱歉让你有了这种不舒服的感受。"对方接着说："因为是群消息，所以一开始没有看到你发的回复消息，如果当时我看到了的话，肯定就不会继续这样说了。"然后又一直说："真的特别抱歉。"我回答说："一开始看到你因为那些事情那么生气，我也在想到底要不要向你表达自己的不快，但是如果现在不说的话，说不定之后可能我会更生气，所以最终还是鼓起勇气说了出来。"最后我也没有忘记感谢他的道歉来电。

第一件事情发生在朋友的聚会上。当时朋友要给我介绍他的一个熟人朋友。我跟他的熟人朋友是第一次见面。在准备去见面的路上，朋友开了一个关于我的小玩笑。因为平时我们经常会在一起说笑打闹，所以当时我也一笑了之。过了一会儿，见到了他的熟人朋友，我朋友他又跟对方开了刚刚开的玩笑。在第一次见的人面前，听到好朋友之间才开的这种玩笑让我有点不知所措。如果当着大家的面说出自己的感受，那气氛肯定会变得尴尬，所以我只像刚才一样笑了笑，就去了下一个聚会场所。但朋友在那里又开了一遍刚刚关于我的玩笑。一想到朋友是不是故意要让我出丑，我就再也忍不住了。虽然有客人在场，但该说的话还是要说的。

"当着今天刚刚认识的朋友的面，你怎么老是开我的玩笑啊？"

朋友马上做出了向我道歉的样子，这件事情就暂时告一段落了。但直到那个周末，我当时那种不快还是挥之不去。因为当时有外人在，那种不快的情绪问题并没有被很好地解决掉。刚好，那位朋友打来了电话，聊着聊着，我就跟他坦白了自己的这种感受。

　　"说实话，那天我真的很不开心。"

　　在我坦率地说出自己的感受之后，当天发生的那件事情所带来的影响像线团一样，慢慢被解开了。直到这个时候，我那种不快的心情才完全消失了。虽然我每说一句话，朋友都会跟我道歉一次，但我这个时候才意识到，我所希望的并不是朋友道歉的这个行为，而是他对我所感受到的情绪有着真正的理解和共鸣。

　　最后一件事情发生在最近，是和一个就职于在线视频频道的朋友发生的。那是结束第一次旅行后编辑拍摄部分的第一天，我因为对他在工作过程中缺乏体谅而感到有些不愉快。每个人对体谅的定义都有所不同，所以我也一直苦恼着要不要自己忍下这次的不快，但一想到以后还是要在一起工作，所以我决定即使说出来会让彼此暂时感到不舒服，也要抛开这份顾虑将事情说开。

　　在跑完步回家的路上，我给朋友打了个电话。跑步时在脑海中安排好的思路在真正沟通的时候瞬间没有了条理，我一直在反反复复地说着些车轱辘话，但最终我还是鼓起巨大的勇气将自己的想法说了出来。当时，我感觉到有另一个自己藏在这份勇气里，要去承受对方对自己的评价，以及可能引起的感情和人际关系的破裂。换句话说，我不想成为一个只关心自己感受的自私小气鬼。

"我觉得你在做那件事情的时候真的很不体谅人，所以心里有些不开心。因为我们以后还要在一起工作，所以尽管说出来彼此可能暂时会感到不舒服，但我还是想今天就把这件事情说开，解决掉。"

朋友平静地听完我讲的话之后，对我说："虽然我当时完全没有那个意思，但给你造成了这种不舒服的感觉，真的很抱歉，我以后会注意的。"这个回答不禁让我开始反省，当我的行为被别人解读为另一种意思的时候，我的心情会怎样呢？虽然很感谢朋友能够理解我的心情，但这个时候，我开始觉得自己好像有些小气，并为此难为情起来。在电话里，为这事儿我们彼此笑了半天。

这三件小事的共同点在于，我鼓起了勇气坦率地说出了我的感受，对方也都接受了我的那份感受。而出现这种结局的基础，就是爱。

有时候，在一些人看来，坦率地表达出自己的情绪这种行为与忍耐之爱大相径庭，在某种程度上可以说那是无礼的行为——因为不能完全包容他人，所以不能称之为有爱。如果现代社会对"爱"的定义是这样的话，那么我想，对于现代人来说，爱是不是有些太残酷了呢？

有的时候，我的情绪会被一些所谓爱的标准给断掉。在这个过程中，我总是把自己的感受抛诸脑后，最终随着时间的流逝，情绪一下子爆发出来，造成非常严重的后果。因为觉得爱是信任、是忍耐，所以不断压抑自己的情绪，最终当情绪爆发的时候，这段关系只会变得一团糟，无法继续下去。

如果有人说这不是爱的话，那我无话可说，但据我所知，能够忍受、平静应对一切的就只有石头。所以，如果石头是爱的话……我不想变成石头一般的存在。我内心的感受可能不那么完美，但即使这样我也想健康地抒发情绪，建立人际关系，在其中寻找解决问题的方法。当然，在这个基础上，可能会有我想要保持长久关系的人，也就是我爱的人。这，就是我学到的爱。

从这个意义上讲，我斗胆用我的方式写下这一段话：

爱是无须忍耐，也可以表达出来；

爱是偶尔可能会做无礼之事，会求己益，会怒；

爱能包容一切，伴随着被讨厌的勇气；

即使不忍耐，那也是爱。

在我生平第一次和妈妈去西班牙旅行的时候，我想……

终于可以报答她了……

可当飞机一落地西班牙，迎面而来的不是身处终于可以报答父母的解脱感中，

而是看着像小女孩一样开心的妈妈，油然生出一种幸福感。

这次旅行好像是送给了妈妈一份很大的礼物，所以我有种更加幸福的感觉。

我想把这种时刻带给更多我爱着的人。
这种我有些陌生的喜悦时刻……

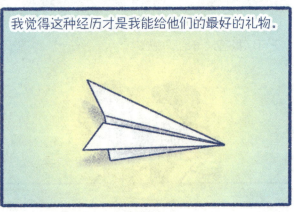

我觉得这种经历才是我能给他们的最好的礼物。

于是，我又和外甥们一起去冲绳旅行了。

2

但那次旅行并不像我想的那样顺利。

特别寒冷的住宿条件……

哗哗……

不管去哪里到处都是人……

帮倒忙的天气

旅行回来的第二天早上，一起床我就嚎啕大哭起来。

呜呜呜呜……

作为那次旅行的组织者，我好像给了自己很大的压力。旅行过程中一直紧绷的神经在旅行结束后一下子放松了下来。

而在这次旅行开始前，孩子们都长大了一些。

8岁 6岁

因为已经有了之前的教训，所以这次的旅行按照日程计划，进行得很顺利。

这次的旅行能算得上我拿得出手的礼物吗？

梦想着成为理发师的姐姐，在取得了相关资格证之后一直在一家理发店工作。

姐姐很喜欢打扮自己，上传到社交媒体上的照片也大多以自拍或者和朋友们的合照为主。

不知道从什么时候开始，姐姐的社交媒体上全是孩子们的照片和视频。
别说她的自拍照了，连跟孩子的合照什么的都很少见。

那个时候，我只是单纯地认为孩子在姐姐的人生中占据着很重要的位置。

但在和孩子们一起旅行之后，这种想法一下子就变了。和孩子们在一起的时候，我自己的需求自然而然就退到了第二位。

因为在大部分的情况下，当下做选择总是需要优先考虑小孩。

想起了姐姐那些理所当然放弃的选择……

那天我很想给姐姐拍一张单人照。

姐姐，看这里！
看这里！

嗯了

虽然就连那一刻，姐姐也叫上了外甥们……

4

我们在冲绳住的地方前面就是大海。

因为考虑到孩子们，所以特地选了离大海很近的地方住，但到那里的时候，大家都已经筋疲力尽了……

终于到了……

哎哟……

只有一个人还生龙活虎的……

噗……

大海！大海我来啦！

因为拗不过书宇，我们最终还是去了酒店前面的私人海滩。那里的景色很漂亮，漂亮到错过了可能会后悔的程度。

出来之后，一身的疲惫都消失不见了。

看着夕阳渐渐沉入海平线，姐姐沉浸在这一幕中感伤地说：

你不久前不是说，因为一个人出来旅行，想到家人心情会变沉重吗？

那个时候没什么感觉，但现在我好像能够理解你当时的心情了呢。

我的性格不是那种会替别人着想的性格。

我是那种在没有确认对方给予我多少爱之前，会对是否要付出自己的爱这件事情犹豫不决的人。

坦白说，即便对待家人也是如此。

因为无法理解家人对我的爱，所以我总是背着一种负罪感在生活。

这种负罪感一方面让我成为一个责任感很强的人，让我能够在外独立……

但另一方面，好像也让我更难理解什么是爱了。

总有一天我会完全独立，可以报答他们的。

现在的我正在渐渐理解家人给予我的爱到底是什么。

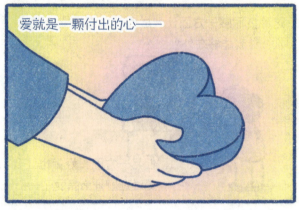

爱就是一颗付出的心——

越是付出，就变得越强的心。

我曾经很担心自己毫无保留付出的爱

会让自己的心变得空荡荡的，会再也填不满……

但是……我现在不怕了。

因为，家人现在看到了我的责任感，我也拥有了可以承受付出爱之后承担一切情感的能力。

Part 3

我才不懦弱,
这就是我的风格

如何开启自己的画画之路

我经常会被人问到是怎样开始画画的。

我很想画画……
可是该怎么开始呢？

每次我的回答都是一样的——

请最大限度地……让自己没有负担地开始吧！

不需要去买新的工具和材料，用家里已经有的工具和材料开始就好。

上高中时买的平板电脑，参加动漫设计职高考试时用的水彩画颜料……这些东西原来都还在啊！

用这些已有的材料坚持画画会很有趣，在这个过程中我确认自己以后也会继续从事这方面的工作。

实在不能继续用这个了！这些东西必须要升级了！

好像……所有的事情都是这样的。

太宏大的目标似乎很难点燃开始的兴趣火苗。

感觉……必须得画出很了不起的东西才行呢。

负担满满……

"我"本身就是这个世界上任何东西都无法代替的一种"材料"啊。

所以，相信"我"本身这种材料的可能性，尽可能地让自己怀着轻松的心态开始吧！

因为你只有怀着轻松的心态开始，才不会轻易让自己感到疲惫。

幸好，是第一次呢

听说，随着年龄的增长，人会越来越害怕尝试去做自己从未做过的事情。

不知道为什么，最近我在面对自己各种各样的"第一次"时，

比起恐惧，更多的是心动。

在回家的路上，我透过建筑物之间的缝隙看向天空，

思考着自己要再新尝试去做些什么……

幸好……

我还有很多个"第一次"没有尝试过，

还有那么多让我心动的事情可以去做。

结实的泡沫

突然而来的成长就像是泡沫。

关心

名誉　　　　人气　　金钱

虽然，泡沫……如果放任不管它的话会破裂、消失，

啪！　　　　啪！

但只要用心，

再搅拌一下，

再加热一下，

它就会变得结实起来。

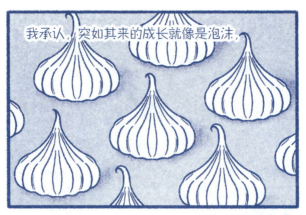

我承认，突如其来的成长就像是泡沫，

我可以让它变得更加结实。

或许，我还有资格去享受它变结实之后带来的甜蜜呢……

为了让我不后悔

我尽最大努力去尝试做某件事，归根结底都是为了我自己。

因为我不想这件事情失败了，自己还对它感到后悔和迷恋。

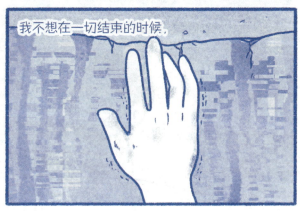

我不想在一切结束的时候，

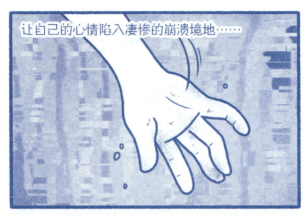

装着想法的抽屉

我有好几个账号（网络社交软件）。

每个账户的用途都不一样。

漫画　相机　画画
日常　灵感　日记

某一天朋友问我：

你为什么开了这么多账号啊？

我撒的面包片

有一天，我在写东西时，脑袋里突然冒出来一个念头……

我为什么要写东西呢？

我在去年自己写下的那些文字中找到了这个问题的答案。

我在记事本和一些网络平台等写下的那些文字就像面包片一样。

童话《糖果屋》中不是也有面包片吗？

因为怕迷路，主人公一点一点撕下来撒在地上做标记的那些面包片。

看到那些我不确定是否写得好的陌生文章，蒙上阴霾的去年，

以及去年在阴霾里挣扎的自己……在我的记忆里变得鲜明了起来。

我相信，无论再怎么微不足道的书与记录，总有一天会成为指引我走向下一个目的地的面包片。这，就是我写东西的原因。

我希望将来自己的写作可以更加诚实一些。面包片撒得越细密，我之后要走的路或许就会越清晰。

所以……对我来说，我写的东西就像是面包片……

它可以提示我从哪里来、将要去哪里、该怎么去生活。

即使没有人读，即使内容并没有什么实际作用……

但至少现在的我、未来的我都会跟着我撒下的这些面包片一直向前走。

无论你选择什么，都会成为正确答案

如果自己不亲自处理事情，就只能被倾泻而下的沙子一点点给吞噬掉。

虽然偶尔也会感到迷茫，

但是当你认为任何事情都只是"选择"的问题时，

方向就会变得更加明晰起来。

每当你觉得自己的生活像是被一堵墙给堵住了一样时，你只要在那些选择中选定一个就可以了！

啊，被堵住了呢！

选择1，原路返回。
选择2，去拿把梯子。
选择3，炸了它。

如果能做到这一点，那么，即便在这茫茫大海般的生活中，你也能看到前方更清晰的道路。

我选1，回去喽！

啪

成功和恋爱的共同之处

对我来说，成功就像是遇到一个好的恋爱对象。

即便对方有再好的条件，

如果不是爱我的人，那就没有任何意义。

就像恋爱一样，即使是看起来很“成功”的人生，

如果它不能给予我爱意，那就没有任何意义。

这似乎就是所谓评价“成功”的绝对的客观标准并不适合所有人的原因……

我想找到适合我自己的人生,

就像去找一个爱我、适合我的恋爱对象一样。

我相信,这就是成功。

我所相信的角落

必须要运动的理由

运动结束后，在回家的路上产生了这样的想法……

啊……舒服……

人虽然固有一死，但如果像这样每天好好爱自己的话，不知道为什么，就有了想活得更好的念头。

这一具身体，死掉了终究还是会留在这个世界上……原本也不属于我……如果是这么想的话……

那其实与租赁也没什么两样嘛！

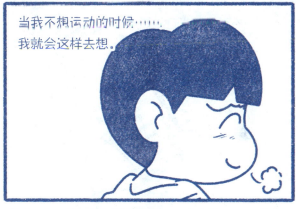

发现自己闪光点的方法

第一次做直播的时候，让我感到惊讶的是……

大家竟然说我的声音很好听！

你看，我们好像并不是很了解自己的优点呢……

其实优点就像月亮一样，能够反射太阳光让自己发光。或许是有人用太阳般的眼睛看向我们，

我们才能够闪闪发光吧。

也许我们越能鼓起勇气展示自己，就会拥有越多的闪光点。

因为我身边有这么多用明亮的眼睛看着我的人啊……

哇啊……

哇！

209

我决定选择方向明确的那边

成为自由职业者的这些年里，每年年初我都像是被骗子骗了一样，无事可做。

我的自由职业者生涯……就这样完蛋了吗……

工作

当我向一位自由职业者前辈请教时，前辈给出了这样的回答：

年初是公司制订预算的时间，这期间事情本来就不是很多。

一方面，我因为前辈的话感到安心了不少：

和年初相反，年底的工作不是很多吗？因为要把预算用完啊。

……

坚持到年底！

另一方面，与这种说法不一样的是，周围还是有很多不断忙碌的自由职业者，一看到他们，我就会又担心起来。

都是在年初……怎么只有我一个人没事情干呢？

在自己变得更加焦虑之前，我决定做点什么。

我之所以会感到焦虑不安，是因为担心目前这种无事可做的状态会持续下去，这样的话……

我唯一能做的就是用自己的力量去改变这种心态……我决定改变我自己。

就选方向明确的那条路吧！

也许正因为如此做了，最近我的生活才充满了活力，

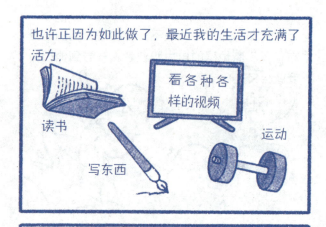

读书

看各种各样的视频

写东西

运动

都没空去让自己焦虑不安了。

没有工作的焦虑期，也有可能是自己进步的时期呢！

更加期待未来变得更加坚强的自己能创作出更好的文章和画作了。

不能轻易倒下！

我的希望

有时候，我会觉得生活过得很"扭曲"。

是的，当你在那些朝着错误方向发展的一系列情况或事情面前感到无能为力时，你就会觉得生活中某些地方很扭曲。

当我明白生活只不过是完成一天天的任务时，

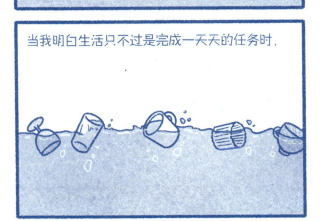

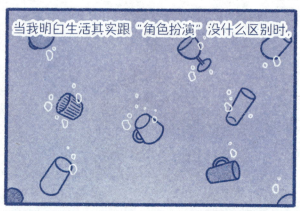

当我明白生活其实跟 "角色扮演" 没什么区别时,

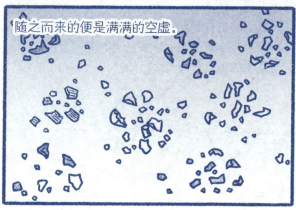

随之而来的便是满满的空虚。

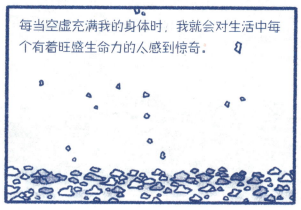

每当空虚充满我的身体时, 我就会对生活中每个有着旺盛生命力的人感到惊奇。

他们只是在这广阔的宇宙中短暂地活一次而已，竟然会过得如此愤怒、悲伤、高兴和痛苦……

这，实在是一件令人惊奇的事情。

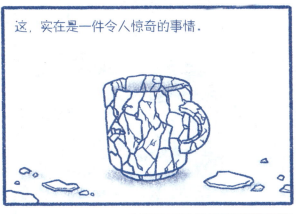

这也是为什么人越是感到空虚，就越想谈论希望的原因吧……

和善的人

在骑自行车回家的路上，我差点撞到了迎面而来的另一辆自行车。

骑自行车的大叔骂骂咧咧地从我身边骑了过去。

即使这位大叔不是在骂我，但他不快的表情和说出口的脏话还是让我的心情瞬间变差起来。

不久之前，我在结束预备役回家的路上，想起了那个直勾勾盯着我看的孩子……

为什么一直盯着我看呢？他是不是有什么想说的话？

后来我才知道，其实那个孩子盯着我看的原因不是别的，就是想跟我打声招呼而已。

您好！

啊，嗯！你好啊！

当他到达要去的楼层出电梯的时候，也没有忘记跟我道别。

再见啦！

再见！

一句简单的问候原来可以让人感到这么开心。

原来他是因为想打招呼所以才盯着我看啊……太可爱了！

如果我的一句话就可以左右某个人一天的心情，

那么我会选择先以善语相向，而不是口出恶言。

对那些和我擦肩而过的人来说，我又有多和善呢？

说不定你没有想象中的那么难

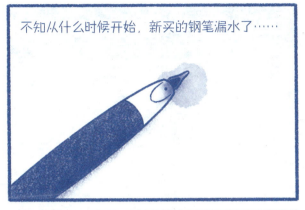

不知从什么时候开始，新买的钢笔漏水了……

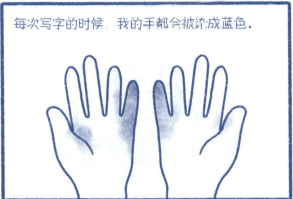

每次写字的时候，我的手都会被染成蓝色。

我以为用钢笔写字本来就是这样的，于是每次都用湿巾擦着用，不知不觉就这样用了几个月……

额……

某天，当我像往常一样用钢笔写东西时，突然间产生了一个疑问……

这支钢笔……难道不能修吗？

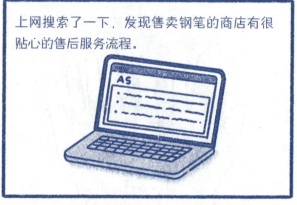

上网搜索了一下，发现售卖钢笔的商店有很贴心的售后服务流程。

当天，我就向商店提交了售后申请。

请问里面是什么？

钢笔。

几周后，我收到了一支不再漏水的钢笔。

想起之前自己以为钢笔本来就漏水而经历的那些不方便之处……

因为习惯了那些不便，一直觉得没关系……原来是可以变得这么方便的啊……

现在，如果再有什么不方便的地方，我应该要试着更加积极、主动地修正它才行呢。也许，这样做，难度比我想象中的要简单得多呢。

最了解我的人

"可能性"就像那些新鲜的食材。

能看出食材的真正价值固然是一件令人高兴的事，

这些食材好棒啊！可以让我用来做料理吗？

啊，好啊……

因为对方是专业厨师，应该可以相信他吧？

但是当把它们交给别人的时候，我还是会百般谨慎……

那些食材不是那样用的呢……

最了解我所拥有的食材的人其实是我自己，

那个……不好意思，还是我来做吧。

啊，那好吧！

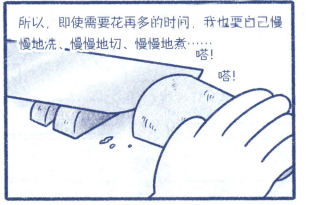

所以，即使需要花再多的时间，我也要自己慢慢地洗、慢慢地切、慢慢地煮……

嗒！

嗒！

即使自己在这个过程中会笨手笨脚地犯一些错误，

呃啊！

哗……

我的心情我说了算

有一天，我突然意识到：

"我不想再随着杂乱无章的心情继续生活了！"

也许我能决定自己的心情也说不定呢……

于是我开始思考该怎样去创造让自己积极的心情……
第一，一起床就开启跳舞模式。

噜噜啦啦！

第二，像拍Vlog（视频）一样做饭吃。

今天我就来做个早午餐吃吧！

第三，对着镜子摆出自信满满的姿势。

心情不好的时候，就对着镜子摆出这个姿势。

第四，去刚刚发现的那条小路上散步。

今天绕到另一条路走走看吧！

第五，比平时更亲切地对待周围的人。

即使觉得有负担，也还是要去做的理由

我曾经是一个做事情虎头蛇尾的人，

也就是说，当我制定好宏伟的
计划后，着手去做的事情几乎
就没有顺利完成过。

太没意思了！

这也是为什么现在我在开始做一件事情时，
要把"不要有负担"作为最重要的条件。

现在即使再困也还
是要继续做下去。

因为我觉得没有负担才能让
自己坚持把事情做下去。

抱着这种心态做了很多差不多的事情后，我又发现了另一个问题……

没意思……

这段时间一直都只在做让自己没有负担的事情……有些事情虽然自己也很想做，但因为感到有负担而回避了，要不要再试着做一下呢？

于是，我决定去做那些之前因不想让自己背负太大负担而推却的、费时又费力但自己又想做的事情。

真的很有意思!
因为感到很有意思, 所以我不会在乎需要花费
多少时间、多少精力……

唰唰……

即使感到有很大的负担,
也会因为记忆中那些事情
"有趣" 而让我有了我再
次尝试的勇气。

在自己想做的事情面前, 好像可以更加果敢
一点……有趣, 让负担这一障碍物变成了我
想要去挑战的东西。

下次尝试做什么好呢?

计划不是约定，而是地图指南

我曾经想：人们为什么要制订计划呢……

因为，再宏伟的计划在懒惰面前也往往会很快失去力量。

DIARY

~ 日记本展会 ~
今年也和很棒的
计划一路同行吧！

可如果面对那些自己觉得无法实现的计划，又该怎么办呢？

不是一定要按部就班去做的"约定"哦，而是跟"地图指南"一样，告诉你前进方向的那些计划。

反正是可能无法按部就班去完成的计划，哪怕只是知道朝哪个方向走，也不错嘛！

因为所谓的计划，从一开始就是为了减少徘徊而制订的啊……

喜悦也好，悲伤也罢，都是一时的

最近一周我都玩得很疯。

倒酒……

喝酒……

当我开始感觉有些不安，担心"就这样一直玩下去并不合适"的时候，

就这样一直玩，什么也不做，真的没关系吗?

樱花已经开始凋谢了……

正是时候啊！

不论是自己疯玩的时光，还是自己不安的瞬间……我的每一天都正是时候啊！

如果你只想专注于工作，又不知道那些让人不安的日子什么时候会来的话，那就好好享受自己当下的时光吧！

给你的人生赋予名字了吗

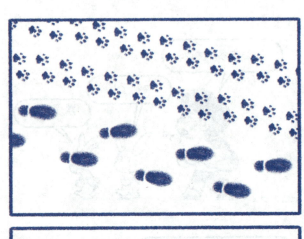

活出自己的勇气

　　我用这副身体已经30多年了，它像是有了程序一样——不，是好像有了运转方法一样，经常会发生因为没有按时吃饭、睡觉而产生故障的问题，这样看来不是好像有什么运转方法一样吗？难道是需要使用说明书之类的手册吗？想想看，一包方便面上也写着如何将其煮得香喷喷的方法啊。从一开始诞生在这个世界上，这副身体竟然没有附带上一本使用方法说明书，实在令人惊讶！如果我只是造物主D.I.Y.（自己动手做）的话，好，那就让我来写一下关于我这副身体的使用方法吧。

自我使用方法

　　1.早上起床后请给我饭吃。（未充电时可能会出现胡言乱语等故障。）

2.刷牙的时候请不要忘记使用牙线。（蛀牙无售后服务。）

3.请尽量在饭后一小时内上班。（超过一小时的话，人会因觉得麻烦而选择在家办公，此举容易产生惰性。）

4.如果时间很紧张，就直接打车吧。（如果因赶时间而让自己变得很焦虑的话，可能会对周围人造成不好的影响。）

5.晚上请不要吃味道太刺激的食物。（因为身体超过"保修期"，消化器官会老化。）

6.即使感到厌烦，也请坚持运动。（长时间不使用运动功能，可能会突然出现故障。）

7.请保持一个月剪一次头发的频率。（如果忘记的话，就免不了陷入"尴尬期"。）

8.请每三个月去旅行一次。（否则会有因压力过大而停止运转的风险。）

9.请随时看一些可爱的东西。（可使运行时间最多延长一个小时。）

10.请在凌晨一点之前入睡。（注意：请远离手机。）

随着年龄的增长，我会把自己当成另一个对象去看待。应该让自己吃什么，应该让自己穿什么，什么时候把自己叫醒，什么时候让自己入睡，自己喜欢什么，自己讨厌什么……将这些除了我自己没有人知道的信息一点一点积累起来，也就成了一本内容非常齐全的《自我使用说明书》。现在，我才感觉自己的"使用方法"其实掌握在自己手中。

对某些领域的喜欢和讨厌变得越来越明显，就像按下遥控器的开和关按钮一样简单、直接，但也存在很多完全未知的领域。即使30多岁了，我还是会对新发现的那部分自己感到很惊奇，所以在《自我使用说明书》中写下了新的清单。今天我也写了几条，因为就在早上，我睁大眼睛一看，发现自己的额头上多了几道皱纹！以前好像没有呢，我觉得这是上了年纪的缘故，于是决定以后尽量不要在额头上"用力"。这，就是我今天新增加的几条"自我使用方法"。

除了额头上的皱纹这种"硬件""软件"——心灵也有相关的使用方法。像我这种想法很多的人，特别需要对心灵进行细致的管理，并给予它特别的关注。在被不安、恐惧等情绪困扰的同时，不仅心灵这个"软件"，就连身体这个"硬件"也会被吞噬掉。遗憾的是，到目前为止，我好像还没有拿到一本正确的《心灵使用说明书》。（难道是因为信息更新得不充分吗？）

那些不安、忧郁等无助的情绪尤其如此，如果不赶紧做点什么的话，最终连身体都会垮掉的。随便把食物放进嘴里，尽力控制肚子上不断增长的肉肉不让它贴到地上，快要垂到下巴上的黑眼圈也让人不禁联想到大熊猫福宝（福宝倒是挺可爱的）……到了如此境地才明白，如果在心里将能解决的事情一再拖延，最终让焦虑蔓延到整个身体的话，那么就会剥夺一个人的用途和可能性。

我完蛋了吗？也许这是一种警告。

越是在这种时候，人就越要重新检查一下自己的硬件设施。从经验上讲，当我们带着思虑来解决某件事情的时候，难度会更大。如果不赶紧停止那些控制不住的胡思乱想，心就会迅速老化，这是一件很理所当然的事情。在用唯一的储存器同时处理两件事情时，电脑的运转不是自然而然就会变得很慢吗？带着思虑去解决事情，我们的软件设施会不会负担过重呢？如果是用高价购入的高端版本（比如商务舱机票、五星级酒店的晚餐套餐等。舍得花钱的话，买的软件设施也会变得更高级呢）来检查自己的硬件设施，性价比也会更高一些。

想想看，仅凭意志是无法控制自己内心的，这是一件理所当然的事情，但偶尔我也会期待那些在理所当然的事情前面不那么理所当然的事情发生。因此，当结果和预期存在差距的时候，那颗无能为力的心就会变成毒药。

"自我使用方法"更近似于一种伸展运动，如果在没有充分拉伸肌肉的情况下开始运动，就会很容易让自己受伤。我们的内心也差不多是这个样子。如果我们希望自己的心不会轻易受伤，那么就要做好基本准备——学会照顾好自己才行，比如按时吃饭、睡觉、起床、洗漱，时时"清空"自己。这样的事情做得越多，我们的身心就会变得越柔软；而越变得柔软，就越不容易被折断受伤。在我看来，这是唯一可以将身心那些坚硬的毒块变柔软的方法。

人生是个养活自己的过程。因为工作的关系，我们偶尔会忘记自己，但由此延伸出的所有"分支"最终都归"我"这个人负责。要开始什么样的事情，要和什么样的人相爱，要拥有什么样的价值观……做出的这些选择是我们终其一生都要负起的责任。

如果这样去想的话，世界上类似"就这样生活吧""就那样生活吧"的声音也会变得可笑起来。如果有100个人，那应该就会有100种"自我使用方法"。如果人生来就有明确的《自我使用说明书》，那么我们的长相、性格、名字也没有理由不同。

我每天早上都要写满三页纸的日记，我给它取名为"Morning Page（晨间笔记）"。在写这篇文章的时候，我觉得Morning Page就像是我每天检查"自我使用方法"的管理日志一样。而这些日记的内容通常是些前一天产生的负面情绪或很难对别人说出来的心里话，写完后，自己就可以以舒坦的心情开始新的一天了。

在繁忙的日子里，我偶尔会跳过不写，但那样的日子越多，我的身心就越容易在意想不到的地方发生故障。不知不觉中，写日记似乎成了支撑我生活下去的支柱。不管是什么，如果每天重复去做，就会成为一件值得我一试的事情。在此，我想把它称为"勇气"。

就像只要好好按照食谱去做，就能做出不错的食物一样，我也期待着，像我这样的人按照说明书的流程去进行"自我使用"，我相信，总有一天我也会变成一个不错的人。

这样的话……只要按照教程去做就能产生勇气的人生，是不是很值得我们一过？

上周末，我搬到了新家，开启了自己的独居生活。

（姐夫）

（爸爸）

在整理完行李后，我将视线投向了天花板，在那里，我得到了自己为什么必须搬出来生活的答案。

看，这是我给自己挑选的杯子！

原先在家里的时候，我的杯子都是和家人的杯子混在一起用的。

**公司

**银行

和其他人一起生活，是不是就像是窗外的风景一样呢？

每个人的喜好交织在一起，虽然很丰富，但各自的色彩却变得模糊起来……

就像那些完全按照我的喜好所选择的杯子要与其他人的杯子混在一起使用这件事一样。

在原来的家中，我通常会对所有超出自己选择范围的情况都感到不舒服。

劈里啪啦！
劈里啪啦！

现在，至少在属于自己的空间里，我只想按照自己的选择去生活。

这就是我为什么想搬出来独自生活的理由。

2

在从家里搬出来一个人生活了三周后，我终于明白了一个事实：

嗡嗡……

原来，我很适合一个人生活啊……

我以前和父母一起住的时候，

因为工作上有很多事情都需要忙着去处理，

所以一直觉得自己回到家摆出四仰八叉的懒散劲儿是很正常的。

好想就这样融化掉啊……

但自己搬出来一个人生活后，我勤快得让人觉得陌生。

最终，我认为这一切都事关责任感。

呲！

呲！

如果有一天我搬出来一个人住，我的梦想之一就是——

邀请好朋友们来到这个属于我自己的空间，

里面请！

让大家尽情地玩，一起分享美酒和美食，不必在乎店家什么时候打烊，这该有多好啊！

在我从家里搬出来独立生活后，这个我想了很长时间的愿望终于得以实现。

一开始，我以为这只是自己单纯地因为想玩得舒服一些才有的梦想，但是在邀请了几位好朋友之后，我才明白，

如果我的好朋友在我家里就像在自己家里一样——

可以舒服地休息或愉快地生活，

不用再去经历一次，就已经知道沉醉在瞬间的
感情中所做出的选择是多么愚蠢。

即使一开始事情的发展进度会慢一些，但也要
充分考虑自己所做出的选择是否适合自己，选
择的东西是否能够一直陪伴着自己……

毕竟要想在这个空间呼吸顺畅的话，我的东西
也要长长久久地使用并经常擦拭呢。

让我再考虑一周吧！

为了迎接周末的到来，我打扫了一次家里的卫生。

上次已经把厨房的天花板和多功能抽屉全部整理了一遍，

不久后，我将拖了又拖的衣柜也整理了，至此，这房子大概全都整理完了。

中午1点开始的，晚上8点才结束……好累!

我思考了一下，此前物品之所以毫无秩序地混放在一起，是因为我不知道物品原来摆放的位置。

所谓整理，就是按照用途将物品归类到某个位置，以待需要时可以很快拿出来使用。

但是独立生活快两年了，我才意识到自己的"用途"和"需要"。

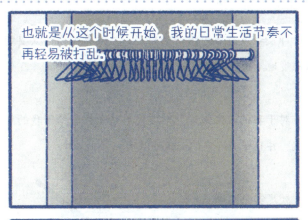

也就是从这个时候开始，我的日常生活节奏不再轻易被打乱。

就像根据经验就能顺利找到物品所在的位置一样。

对情感，我也根据自己的用途和需要进行了整理。

啊，这是一个即便是在忙着打扫卫生，也让人如此享受的周末呢！

即使我没有成为最好的自己，也没有关系，只要能最大限度地活出自己就可以了！

对于我的人生来说，只要能够认出生命给予我的那些珍宝，并且守护好它们，就可以了。

就足够了！

258